SUDOKU

100 PUZZLES WITH SOLUTIONS

EASY LEVEL **BOOK 2**

ISBN: 9781693659737
Copyright © 2019 Tim Bird.

All rights reserved. No part of this publication may be reproduced, distributed, or transmitted in any form or by any means, including photocopying, recording, or other electronic or mechanical methods, without the prior written permission of the publisher.

The contents of this book are believed to be correct at time of printing. Nevertheless the publisher cannot accept responsibility for errors and omissions, changes in the detail given or for any expense or loss thereby caused.

A standard Sudoku puzzle consists of a grid of 9 blocks. Each block contains 9 boxes arranged in 3 rows and 3 columns.

	Column			Block			Box	
8	4	1	7	9	6		3	2
			2	5	4	8	1	
6	2	5	3	1		9	4	7
2		8		3	7	4	5	1
3		7	4	8		2	6	9
	5	6	9		1			8
5							2	3
1	6	3	8	4	2	7	9	5
9	7	2	5	6	3	1	8	4

— Row

The Basic Rules of Sudoku:

- There's only one solution to a Sudoku puzzle. A puzzle is considered solved when all 81 boxes contain numbers by following the Sudoku rules.
- When you start a game of Sudoku some blocks already have numbers (fewer number make a harder puzzle). These numbers cannot be changed.
- Each column must contain every number from 1 to 9 and no two numbers in the same column can be duplicated.
- Each row must contain every number from 1 to 9 and no two numbers in the same row can be duplicated.
- Each block must contain every number from 1 to 9 and no two numbers in the same block can be duplicated.

Here's the solved puzzle:

8	4	1	7	9	6	5	3	2
7	3	9	2	5	4	8	1	6
6	2	5	3	1	8	9	4	7
2	9	8	6	3	7	4	5	1
3	1	7	4	8	5	2	6	9
4	5	6	9	2	1	3	7	8
5	8	4	1	7	9	6	2	3
1	6	3	8	4	2	7	9	5
9	7	2	5	6	3	1	8	4

Puzzle 1

1	3	4	6	5	9	2	8	7
9	8	7	1	4	2	5	3	6
6	5	2	8			9	1	4
2	4	3	5	8	1	7	6	9
			3	2	6	1	4	8
8	1	6	7	9	4	3	5	2
	6	8	9			4	2	
3	2		4		8	6		
4			2	6		8		

Puzzle 2

3	5	8		4	7	2	9	
9	2	4	6	3	8	5	7	1
7	6	1	5	9		3		
8		2	3	6			5	
	3	9	8	7	4	6	1	2
6	4					8	3	9
2		3	4	5	1	9	6	
1		6	9	2	3			5
4	9	5	7	8	6	1	2	3

Puzzle 3

			3	6	8	5	2	1
		8		4	2	3	7	
3		2	7	1		8	4	
2		3	6	7		4		8
				8	3	6		2
5	8	6	1	2	4	7	9	3
6	2	5	8	9	7	1	3	4
7	4	1	2	3	6	9	8	5
8	3	9	4	5		2	6	7

Puzzle 4

			3			5		2
	5			6		1	9	4
2		6	5		9	3	8	7
5	6	4	1	8	3	2	7	9
8	7	1	4	9	2	6	5	3
			6	7	5	8	4	1
1	9	5	8	2	4	7	3	6
			7	5	6		1	8
6	8	7	9	3	1	4	2	5

Puzzle 5

	1	3	2	7		9	8	4
7	2			3	4	8	5	1	6
		4	1	9		3	7	2
2	6	5	9	3	7	1	4	8
4	3	7	8	1	2	6	9	5
1	9	8	6	5	4	7	2	3
3	7	6	4	8	1	2	5	9
	4					8		
						4		

Puzzle 6

				4	7			6
				9	8	7		4
8	7	4	3	2	6	5	1	9
	4		2	7	5			1
2	5	3	8	1	4	6	9	7
1	8	7	9	6	3		5	2
4	9	5	7	8	1	2	6	3
				5	2	9	7	8
7	2	8	6	3	9	1	4	5

Puzzle 7

6	9	3	8	1			5	7
	2	4		9	5			3
1	5	8	3	4				9
2	4	9	7		8	3	1	
3	7	6			1	5		8
8			4	6	3	7	9	2
9	8	7	1	3	4	6	2	5
5	6	1	2	7	9	8	3	4
4	3	2		8	6		7	1

Puzzle 8

3				5	8	7	1	6
7	8	5	1	6	4	3	2	9
1		2	3		9	5	4	8
6	5	7	8	4	3	2	9	
4	9	1	5	2	6	8	7	3
	3	8		1	7	6		
		6	7	3	5	4	8	2
5	2	3	4	8		9	6	7
	7					1	3	5

Puzzle 9

	9			5			8	3
	6	8	1		3	7	5	
	7	5	8	6				2
			3	2	8	5		4
5	8		6	1	4	2	9	7
6	4	2	9	7	5	3	1	
8	5	4	7	3	1	9	2	6
9	2	7	5	8		4	3	1
1	3	6	4	9	2	8		

Puzzle 10

7	3	5	2	4	6	1	9	8
1	9	4	5			7	2	6
6	8	2	1	7		4	5	3
	7	1		2	4	5	6	9
4	5					2	8	1
	2	6		1	5	3	7	4
5	6		4		2	8	1	7
	1			5		6	4	2
2	4				1	9	3	5

Puzzle 11

7	9	8			4	5		
1	5	4	8		9	6		7
6	2	3	1		5	8	9	4
5	3	2				4	1	6
4	8	7			1	9	5	3
9	6	1	5	4			7	8
8	1	6	3	5	2	7	4	9
3	4	5				1	6	2
2	7	9	4	1	6	3	8	5

Puzzle 12

1			7	4	2			
7		2	8	3		5	1	
3	8		1	5		2	4	7
5	1	8	2	7	3			4
4	2	7	9	6	5		8	
6	9	3	4	1	8	7	2	5
9	7	5	6	8	1	4	3	2
2	3	1	5	9	4		7	
8	6	4	3	2	7		5	

Puzzle 13

7				4	5	1		8
	1			6		9	7	5
5	6	9	1	7	8	3		2
4	8	5	6		1	7	2	3
	2		5		4	8	9	1
	9	1	8	2		4	5	6
2		3	7	1	6		8	9
	7		2			6	1	4
1	5	6	4	8	9	2	3	7

Puzzle 14

5	8	7		2	1	3	4	6
2	4	6		8	3	1	7	9
	1	9	6	7	4	8	2	5
1		8	7	3	5			
4			1	6	8	7		
7		3	4		2			1
9			8	1	7			
8	3	4	2	5		9	1	7
6	7	1	3	4	9	2	5	8

Puzzle 15

	1	7	4	6	9	3	5	
5		8	3	1	2		7	4
3		4	7	8	5		2	1
8	3	1	5	4			9	
6	4		1		7	5	8	
7	2	5		3	8	4	1	
		6	2				4	7
4	5	2	6	7	1	8	3	9
1	7	3	8	9	4	2	6	5

Puzzle 16

1	6	7	2	4		8	3	5
5	4		3		1	2		
3	8	2	5		6		4	1
	7	5	1	3	8	6	2	4
2	1	4	9	6	7	5	8	3
	3			5			9	
	2			1			5	9
7	5	1	8	9	4	3	6	2
4	9	3	6	2	5	7	1	8

Puzzle 17

8	4	6				9	7	5
5	2	7	9	8	6	1	3	
3	9	1		4		8	6	2
2	7	5	3	1	9	4	8	6
6	3	4	8	5	2	7	9	1
1	8	9	6	7	4	2	5	3
4						5	2	
7						3	4	
9	5			4		8	6	1	7

Puzzle 18

3	4		1	5	9	8	7	6
9	6	7	4		2	3	5	1
	5	8	6	3	7		9	2
7	9		2	6	1	5	8	3
2	3	6	8	4		7	1	9
	1	5			3	2	6	4
		1					3	8
	8			1			2	7
6	7	9	3	2	8	1	4	5

Puzzle 19

3			1	4	5	6	8	7
6	1			2	9	3		
	4	7	6	8	3	2	1	9
1	7	9	5				2	3
4		3	2			1	7	5
8	2			7	1	4	9	6
9	3		4	5	2	7	6	8
2	5	6	8	3	7	9	4	1
7		4	9		6	5	3	2

Puzzle 20

7	3			1	9	4	6	
	9	6	2	4	5	3	7	1
5	1	4	7	6	3	9	2	8
	2		6	5	8			7
1	8				4	5	9	6
	6	5	1	9		2	8	3
	5	3		7	2	8	1	4
	4	1	5	8	6	7	3	
	7	8	4	3	1	6		

Puzzle 21

8	3	6	7	5		1	2	9
	5	9	8	2	1	3		
1			9		3	5	7	8
3	9	2	6	1	7	4	8	5
6			5	4	9	7	3	2
5	4	7	2	3	8	6	9	1
4	8	1	3	9	6	2	5	7
	6	5		7	2	8	1	
2			1	8	5			

Puzzle 22

5	7	2	9	4	6	1	3	8
4	9	8	7	3	1	2	6	5
	6		5	2	8		9	7
	4	7		5			1	3
		5		1	4	7	2	9
				9	7		5	4
		9	1	7	3	5	4	6
			4	8	5	9	7	2
7	5	4	2	6	9	3		1

Puzzle 23

1	3	6	2	9	8	7	4	5
5	2	9	4	1	7	6	8	3
8	4	7		6		1	9	2
4	6	8		5	9	2	1	
9	1		7		6		5	8
7	5	2	8	4	1		6	9
2	8	1				5	7	6
		4	6		5			1
	7	5	1	8	2	9	3	4

Puzzle 24

		1		3		9	4	
	4	6	7		9	3	8	5
9	3	5	8	6	4	7	2	1
5	1	8	4	2	3	6	9	
3	9	2	6		8	1	5	4
		4	9	5	1	8	3	2
		3	1	4		5		9
1		9				4		3
4	5	7	3	9	6	2	1	8

Puzzle 25

4	1	6	8	2	9		7	3
2	8	5	7	3	6	9	1	4
3	7	9	1	4	5	2	6	8
	4	1	2	5	3		9	
9	5		4	6			3	
	6	3	9		1	4		2
1	3	8	6	9	2	7	4	5
6	2		5		4	3	8	9
	9	4	3				2	

Puzzle 26

7		9	6	2	4	5	3	1
6	3				7	9	2	8
5	1	2		3	9	6	4	
3	4	1			6	8	7	2
2		7		8	3	1	6	9
8	9	6				4	5	3
1	7	5	3	6	8	2	9	4
4	2	8			5	3	1	6
9	6	3		4		7	8	

Puzzle 27

4	2	1			8	5	3	9
9	3	7	5	1	2	8	4	6
8	5	6		3	9	7	1	2
5	1					2	9	8
7	8	3	9	2	1	6	5	4
6	9	2	8	5	4	1		3
1							2	
3			2				6	1
2	4	5		9	6	3	8	7

Puzzle 28

8			6	5		2	7	3
2	5	7	3	9	1	6		4
3	4	6	8	2	7	1		9
6		4		1		5	3	7
5		2	7			4	1	6
7	3	1	5		6	9	2	8
4	6	8	1	7	5	3	9	2
				9	6	2		4	5
	2			8		7	6	1

Puzzle 29

8	9	2	3	1	4	5		
7	6	1	8	5	2		4	3
5	3	4		7	6	8	2	1
	4	5	2		1	7	3	9
	2			9		1	8	4
1	8	9	7	4	3		6	5
9	5	6						
		3	1	6	9	4	5	8
4	1	8	5	3	7	6	9	2

Puzzle 30

8	1	4	9	2		6		5
7	3	5	6		4	2	9	1
9	6		3	5	1		4	7
	2			4	3	1		8
	8	7			9	3	2	
		3	8			9	7	
5	4	1			6	7	8	9
2	9	8	1	7	5	4	6	3
3	7	6	4	9	8	5	1	2

Puzzle 31

	7	1			8	4	5	
9			7	5	1	2		8
5	6			9		3	7	1
	5	9	2	1	4	6		
6	8	3				1		4
4	1	2				7	9	
8	4	5	3	2	6	9	1	7
1	9	6	5	4	7	8	3	2
3	2	7	1	8	9	5	4	6

Puzzle 32

7	4	8	5	9	6	1	2	3
9		2	1	8	3	7	4	6
1	6		7	4	2	9		5
	8	1	3	7	4	2	5	9
4	2	7	9	6	5	3		8
3	9	5				6	7	4
8		6	4			5	9	
2		4	6	5	9	8	3	7
5		9				4	6	

Puzzle 33

	9	7	5	6				3
4	1		7	2	3	9		
6		5	4	9			2	7
9	4		1		7	5		2
5	8		6	4	2	7	1	9
7	2	1	9		5			6
3	7	4	2	1	9	6	5	8
8	6	9	3	5	4	2	7	
1	5	2	8	7	6	3	9	4

Puzzle 34

2		6		7	4			
3		7			9	6	4	
9	4	8	6		5	7		
8	6	9	4	1	2	5	7	3
1	3	5	7	9	8	2	6	4
7	2	4	5	6	3			
4	9	3	2	5	7			6
6	8	2	9	4	1	3	5	7
5	7	1			6	4		

Puzzle 35

4	6	7	9	5	3	1	2	
9		5	2	1	8	7	4	6
	8	1		6	4	3	5	9
6	1	2	3	9	5	8	7	4
5	4	3		2	7	6		1
7		8	6	4	1	2		5
8	5	4	1	3	2	9	6	7
3	7							
1	2			7			8	3

Puzzle 36

3	8	5	6	2	4		9	1
2	6	9	8	7	1	3	5	4
1			3	5		6	8	2
	2		1	9	6	5	3	8
8	9	6	4		5	1	2	7
5	1	3	2	8	7	4	6	9
9	5		7	6	8	2	4	3
6		2			3	8		5
	3							6

Puzzle 37

8	1	2				7	4	
	6	3	8	4	1	2	5	
9	5	4	7	2	6	3		1
3	4	6	9	8	7		2	5
5	2	7	1	6	3	8	9	4
1	9	8	2	5	4	6	3	7
6		9	4	1				2
2		5	6		9		1	
4		1	5		2			

Puzzle 38

3			2				7	4
7	8	9	5	4	1	6	2	3
4	2				7			5
5	6	4	1	9	2	7	3	8
8	3	2	6	7	4	5	1	9
1	9	7	8	5	3	2	4	6
6	7	3	4				5	1
9	4	8	7	1	5	3	6	2
2	1	5				4		7

Puzzle 39

2		3		8	6	9	1	
1	6	9	3		7			5
7	5		1		2	4	6	3
6	8	5	7	1			9	2
4		2	6		9	8		1
		1	2		8			4
3	9	4	8	7	5	1	2	6
8	2	7	4	6		5	3	9
5	1	6	9	2	3	7	4	8

Puzzle 40

4	3	8	1	6	2		7	9
2	1	9	5	7	3	8	4	6
5	6	7	8			3		2
8	4		7	1	9		6	3
	9	3	4	2	5		8	1
7	2	1	3	8	6	4	9	5
3	8	4		5	1			7
	7						5	
9	5	6			7	1	3	8

Puzzle 41

2		8	5	3	4	6	1	9
4	5	9	1	6	2	7	8	3
1	6	3	8	9	7	4	5	2
3	9			5		1	4	
5	4	1	2	7	3	9	6	8
6		7				3	2	5
7		4	3	8		5		
9		6	7	2	5	8	3	4
8	3	5				2	7	

Puzzle 42

	8	7		2	6			
	2	5	7	1	9		6	
9	1	6		8	4	5	7	2
8	6	1	9	4		2		7
5	9	2	1	6	7	8	3	
7	4	3	2	5	8			
6	7	8	4		5	1	2	9
1	3	4		9	2	7	8	5
2	5	9	8	7	1		4	

Puzzle 43

2	7	3	8	1	5	4	6	9
		4		3	9	1	8	2
1	9	8	2	6	4	5	7	3
7		1				8	9	4
3	8	9	4	7	1	6	2	5
4					8	7	3	1
8	1	2		4	6		5	
9	4	7	5	8			1	6
	3		1		7		4	8

Puzzle 44

3	8	7	6	9	1	4	5	2
4	2	9	5	7	8	3	6	1
6	1	5	4	3	2	7	9	8
1	7	8	9	2	4	6		
	4	2	1	6	3	9	8	7
9	3	6	7	8	5			4
	6	1		4	9	5	7	3
		3					4	
		4	3					

Puzzle 45

4	9	2	8	7	6	5	1	3
1	5	8	4	9	3	6		7
6	3	7	1	2	5	8	4	9
3	4	6	2	8	9	1	7	5
	1	5				3	9	8
8	7	9	5	3	1		6	
	6	1	3	5			8	
5	8	4		1	2			
	2	3			8		5	1

Puzzle 46

		1	3	7	2	9	4	6
3	7	9	4	8	6	1	5	2
6	4	2	9	5	1	7	8	3
9	1	8	6		7			5
4	2	3	5		9	6	7	8
7	6	5	2		8		1	9
		7	1		5			4
		4	7		3	8		1
1		6	8	2	4	5		7

Puzzle 47

1			9	6	4	8	3	7
4	6	8	3			5	9	2
3	7	9	8			1	6	4
6	4		5			2		9
9			6	4		3		1
8	1		2	9		6	4	5
7	3	6	4			9	1	8
5	8	4	1	3	9	7	2	6
2	9	1	7	8	6	4	5	3

Puzzle 48

5	9	1		8	6	4		2
6		4		2	1	5		9
	3		5	9	4	1	6	
9		7	1	3		8	4	5
4	2			7		3	1	6
8	1	3	6		5	9	2	
3	4	6	9	5	7	2	8	1
2	7	9	4	1	8	6	5	3
1	5	8	2	6	3	7		

Puzzle 49

7		1			3	6		9
8		3	9	6				
2	6	9	7	4		8	3	
	8	5	4	7	6	2	1	3
		4					6	7
6	2	7	1	3	9	5	8	4
1	3	8	6	5	7	4	9	2
5	9	6	2	1	4	3	7	8
4	7	2	3	9	8	1	5	6

Puzzle 50

		1		9			5	6
6		5		2		8	9	1
7		8	6	5	1	4	2	3
1	7	9	2	3	8	6	4	5
8		4		1		9	3	7
5	6		4	7	9			2
4			3	6	5	2	1	9
			9	8	7	5	6	4
9	5	6	1		2	3	7	8

Puzzle 51

9		1	2		7	3		5
2		3	1	4		7	8	9
8		7				2		1
1		6	5	7	2	8	3	4
7	8	4				1		2
	2	5	4	1	8	9	7	6
4	7	8	9	6	1	5	2	3
6	1		8	5	3	4	9	7
5	3	9	7	2	4	6	1	8

Puzzle 52

	3	4	6	1	8	2	5	7
1	7	8	4	2	5	6		9
5		6		9	3	1		4
3	6	5		7	2	4	9	
8	4	1	3		9	5	7	2
	9		1	5	4	3	6	8
4	5	3	9	8		7		6
6	8				7	9		3
7		9	2	3	6	8	4	5

Puzzle 53

3	2		5	4	9			7
4	8	7		1	6	5		2
9		5	2	7	8	3		4
5		9	7	6	2		8	3
2	3	8	4	5		9	7	6
7			8	9	3		2	
6	5	2	9	8	4	7	3	1
8	7	3			5	6		9
1	9	4		3		2	5	8

Puzzle 54

6	5	8		9			2	4
2	1	7	4	5	6	3	9	8
9	3	4	8		2		6	5
	9		6			8	5	1
3	6	1	2	8	5	9	4	7
		5			9	6	3	2
5	2	6			8	4		9
1	7	9	5	6	4	2	8	3
8	4	3	9	2		5	7	6

Puzzle 55

4	9	5	1	3			8	7
8	3	1	5	6		9	4	2
6	2	7	9	4	8	5	1	3
1			3	5	9		2	4
2	7	4						9
		3	2	7	4	1	6	8
3			4	9	5	2	7	
5		2	7	8	3	4	9	
7	4	9	6	2	1	8	3	5

Puzzle 56

2	8	5	6		9			7
6	1		7		2	4	8	9
9	4	7	8	1	3	5		
1	3	2	9	7	5	6	4	8
4	6	9	2	3	8		5	
	7	8	1	6	4	9		3
3	2	1	4	9		8	7	
8	5	4		2	7	1		6
7	9							4

Puzzle 57

5	2							8
1	8							5
7	3	6	8	5		9	4	1
6	1	3		8	4		9	
2	5	7	9	3	6	8	1	4
4	9	8	1	2	7	5	6	3
8	7	2	4			3	5	6
3	6	1	2	7	5	4	8	9
9	4	5	3	6	8	1		

Puzzle 58

5	2	6	9	4	1	8		
	9	4		8	6		2	1
	8	1		2		4	6	9
6		2	4			9		8
4	3	7	6	9	8	2	1	5
9	5	8	2			6	4	
1	6	9	8	3	4	7	5	
2	7	5	1	6	9	3	8	4
8	4	3			2	1	9	6

Puzzle 59

3	9	7	1	5		4		
6			7	9		5		3
8			3	6		7		
1			8	4	7	3		
9	8	3	5	2	6	1	4	7
4	7	6	9	3	1	2	5	8
5	1	9	2	8	3	6	7	4
2		8	4	7	5	9		1
7	3	4	6	1	9	8	2	5

Puzzle 60

	9				3	4	6	
	3			6	4	5	9	
		4		8	9	3	2	
4	1	3			6	8	7	9
2			4	9	1	6	5	3
		9	8	3	7	2	1	4
3	2	1	6	7	8	9	4	5
		6	9	4	5	1	3	2
9	4	5	3	1	2	7	8	6

Puzzle 61

6	7	5			8	2		3
3	1	9	7	5	2	6	8	4
4	2	8	3	6	1	5	7	9
7	3	2	5	9	4		6	
9	8	1	2	3	6	4	5	7
5	6	4	8	1	7	9		2
2			1				9	
8			6	2			4	
1			4	8			2	6

Puzzle 62

9	1	4	8		7		3	2
		2	1	5	4		8	6
8	6	5	9	3		7		1
		3	4	9	1	2	5	7
		1	2	8				9
5	2	9	6	7	3		1	
1	5	7	3	2	8	6	9	
2	9		5	4	6	1	7	3
4	3	6	7	1	9	8	2	

Puzzle 63

1	8	7	6	3	9	5	4	2
5	9	3	4	1	2	6	7	8
4	6	2	8	5	7	9		
9	5				1			
8	2	1	3	4	6	7	5	9
7	3	6	5	9	8	1	2	4
6		8			3	4		5
3		5		8	4	2		
2	4	9		6	5			

Puzzle 64

6	8	9	4	2	7	3	1	5
7		4	5	3	9		2	8
3			6	8	1	4	9	7
2	3	6	8	1	4	7	5	9
4	9	1	2	7	5		3	6
	7		9		3	1	4	2
	6		1			9		3
	4		7				8	1
1	2	7	3	9	8	5	6	4

Puzzle 65

	9		5	7		2	3	
7	5	4	8	3	2	6	1	9
3		2	6	9	4	5	7	8
	2			8			4	6
4	7	3	1	2	6	9	8	5
	6	8	7	4		1		3
2	4	7		5		8	6	1
	3		2	6	8	4	5	7
6	8	5	4	1			9	2

Puzzle 66

5	3			9	8	1		4
6	4	7		2	3	9	5	8
9	8	1		4	7	3	2	6
4	1	6	2	8				7
3	9	5	4	7	6	2	8	
2		8	3	1	5	6	4	9
7	6	3	9		4	8		2
	5	4	8	6	2	7	9	
8	2			3	1	4		5

Puzzle 67

7	6	1	9	3	2		4	5
9		5		1	4	6	3	7
4	3	8	7	6	5	2	1	9
5	8	6	1	2	9	4	7	3
	4	7			6	1		
1	9	2	3	4	7	5	6	
	1	9		5	3		2	
	7			9	8	3	5	1
	5	3		7	1	9	8	4

Puzzle 68

				8			4	2
5		8	4	2		9	6	
2	4	9	6		7		3	
		4	2	3	5	8	9	1
3	8	2	1	9	4	6	7	5
9	5	1	7	6	8	3	2	4
8	9	6	5	4	2		1	3
1	2	7	3	8	6	4	5	9
4		5			1	2	8	6

Puzzle 69

	1	3	9	4	2	5	7	8
2	8	7	5	6	1	3	4	9
5	9	4	3	7	8	1	6	2
8	7			9	4	2		3
9	4					7		6
3				5	7	9		
4	5	2	7	3	6	8	9	
1		9	4	8	5	6	2	7
7	6	8	2	1	9	4	3	

Puzzle 70

1	9	6			8	5	7	4
7	3	4	5	6		1	2	8
8	2	5	1	4	7	3	6	9
5	1		8		3	2	4	6
4	7	2	9	5		8	1	3
6	8	3	4	1	2		5	
2	6			9	1	4		
	4				5	6	8	
3	5	1	6	8	4	7	9	2

Puzzle 71

3	5	2	6	4	1	8		
4	7	8			9	6	1	3
6	9	1	3	8	7		2	5
8	1		4	9	3	2	5	6
2	3	9			6	1		4
5	4	6	8	1	2		3	
1	2	4	9		5	3		8
	8	3			4	5		1
	6	5	1	3	8		4	

Puzzle 72

4		1	8	9		7	3	6
		9	6	4		8	1	5
8		6				9	2	4
	6	8		7	4	1	5	9
7	1	5	9	8	6	3	4	2
9		4				6	8	7
1	9	2	7	5	3	4	6	8
6	8		4	2	9		7	1
5	4	7	1	6	8			

Puzzle 73

	2	9	3	6	5	1	7	8
5		6		1	8	2	4	9
8	1		9	2	4	3	6	5
3	4	8	6	5	1		9	2
7	6					5	8	1
1	9		2	8	7	6	3	
9	5		8	7	6		2	3
		4	1	3		9		7
2	7	3	5	4	9	8	1	6

Puzzle 74

9	8	1	5	4				
7	5		3	1	2	4		
2	4	3	7	9	8	5	1	6
5	6	4	1	7				
3	7	2	8	6		1	5	
8	1	9	2	5		6	7	
1	9	8	4	2	7	3	6	5
6	3	5	9	8	1		4	
4	2	7	6	3	5			1

Puzzle 75

9	1	3		2	5	7	4	
2	7	6	4	3	8			1
5	8	4	1	7			2	3	6
8	6	9		5	1	3	2	4
	4	7	3	6	2		8	9
3	5			8	4	1	6	7
6	9	1	2	4	3	8	7	5
4	3				7	6		2
7	2				6	4		3

Puzzle 76

8	3	4	9	2	7			6
1			3		6	8		4
6		5	4	1	8	3	7	
7	8	3	6	9	1			
9	5	1	2	8	4	6	3	7
2	4	6	7	3	5	9	8	1
	7	8	1	6	3	2		
	6	9	8	7	2			3
3	1	2	5	4	9	7	6	

Puzzle 77

	3	7		4		5	2	
	5	9		7			4	
4	2	8	6	5	3	9	1	7
3	9	6	5	2	4	8	7	1
5	7	2			1	4		9
8	4	1				2		5
9	6	3	4		5	7		2
2	8	5	7	3	6	1	9	4
7	1	4				6	5	3

Puzzle 78

3		7	8			4		
2	9	1	7	4	6	8	3	5
4								7
7	8	9	1	5	4	3		
6	4	3	2	7		5	1	9
5	1	2	6	3	9	7	4	8
9	2	5	4		7			3
1	3	6	5	8	2	9	7	4
8	7	4	9	6	3		5	

Puzzle 79

		1		6	9	7	5	4
6	7	4		3	2	1	8	
9		5		7		2	3	
4	5	8	3		6	9		
7		9	2	4		5		1
1	6	2		9		8	4	
8	1	7	6	2	3	4	9	5
5	9	6	4	8	7	3		2
2	4	3	9	5	1	6	7	

Puzzle 80

6	3	8				9	1	5
4	5		3	1	9			8
1	2	9		8	5	7	4	3
8	9	4	7		2	5	6	1
2	7	6	5	9	1	8	3	
5			4	6	8		9	7
	4	5	9	7	6	1	8	2
9	8	2					7	6
7	6	1	8	2	3	4	5	9

Puzzle 81

4		9	7	3		2	5	6
		7	5	2	9	3	4	
2	3	5	6			9	7	
9		1	8			7		3
	2	3	1		7	8	9	4
8	7	4	3	9	2	1	6	5
3		2	9		6	4	8	7
	4	8	2	7		6	3	9
7	9	6	4	8	3	5	1	2

Puzzle 82

8	7	3	1	6	5	2		9
5	1	4		2	3	8	6	7
2	6		7	4	8	1	5	
	5	2	6	1	4	7	3	
	8	1	5		7	6	2	
6	4	7	8	3		9		5
1		5	2	8	9	4	7	6
4	2	8	3	7	6	5		1
7	9	6			1			

Puzzle 83

	2	7	5	9		4	6	
9	4	5	6	2				7
	6	1	4				9	5
	8	4	7	3	2	1		9
1	7	2	9		5	8	3	4
5	3		1		4	6	7	2
4	5	6	8	1	7	9	2	3
2	1	8	3	5	9	7	4	6
7	9	3	2	4	6	5		

Puzzle 84

7		5		6	9	8	1	2
6	8	2	5	7	1	3	9	4
9		1			8	6	7	5
3	7		2			1		
4	1		6			2	5	
5	2		1	9		7		
1	9	3	8	4	6	5	2	7
2	6	7	9			4	8	1
8	5	4	7	1	2	9	3	6

Puzzle 85

5	1	2	9		7	4	6	8
	6	3	1	5	4	9	7	2
4	7	9	2	6	8	3	1	5
	2	7		8	1			
	3	8		9	5	7		4
6	4	5	3	7	2	8	9	
2	5	6	7		3	1	8	9
		1	8	2	6			7
	8	4		1	9		3	6

Puzzle 86

4	5	6			3	1	7	2
2	8		1	4	5		6	9
1	9		6	2	7		5	4
6	3		8		9	5	4	1
9	1	4	5	3	2	7		
	7	8	4	1			9	3
		5	3	6			1	7
7	4	1	2		8	6	3	5
	6	9	7	5	1	4	2	8

Puzzle 87

8	2		4	6				7
9	7			3	8			6
3		4	5	1	7	9	2	8
		8		7	1	2	5	3
5	1	3	8	4			7	9
2	9	7		5	3	1	8	4
7	5		1	8	6			2
1	8	2		9	4	7	6	5
4	3	6	7	2	5	8	9	

Puzzle 88

9	7	1	6	8	4		2	
3	6	5	1	7	2	9	4	8
8	2	4	5	3	9	6	1	7
2	8	6		9		1		4
5	1	9		4		2		
4	3	7	2	1		8		9
7	5	2		6		4		1
6	4	3	9	5	1	7	8	2
1	9	8	4	2	7			

Puzzle 89

6	4			2	1		8	
1	2			8	6			
7	8	3	4		5	2	1	6
4	9	8	2	5	7	3	6	1
3	5			6	4	8	7	9	2
2	6	7	9	1	3		4	5
5			8	6	4			
	7	4	1	3	2	6	5	8
8		6	5	7	9		2	

Puzzle 90

	2	3	5	7		8	6	9
			3			2	7	5
6	5	7	2	8	9	1		3
7	1	2	4	5	3	9	8	
8	3	6	9	2	7		1	
			6	1	8	7		2
2	7	9		4	6	3	5	8
3	6	1	8	9	5	4	2	7
5			7	3	2	6	9	1

Puzzle 91

7	1	8	2	3	6	4	5	9
4	2			5		1	8	6
6	5	9		1		7	3	2
8	3	4		7		6	2	5
1	7	5	6	8			9	
2	9	6	3		5	8	7	1
9	4			2		5		3
	8	2	5	6		9		7
5	6				9	3	2		8

Puzzle 92

8	7		3	5	2	1		9
2	3	1	6	4	9	5	7	8
			8		1		3	2
	1		2	6	4	8	9	7
7	8	2	1	9	5			3
			7	3	8	2	5	1
1	5	7	4	2	3	9	8	6
	2		5	8	6	7	1	
6	4	8	9	1	7	3	2	5

Puzzle 93

4	8	1	5	7	9	2	3	6
3			4	6	2	7	1	8
6	7	2	1	3	8	4		
1				2	5	8	6	4
2	4			8				1
8			9	4	1	3	2	7
5	1	8	2	9	7	6	4	
7	2	4	6	1	3		8	
9			8	5	4	1	7	2

Puzzle 94

6	3	7	9	8	5	4	2	1
4	1	8	7	2	6		3	
5	2	9	1	3	4		8	
	7	6	3	4			5	
	9	4	5	6			7	
8		3	2	7	9	1	6	4
3	6	1	4	5	7		9	
9	8	2	6	1	3		4	
7	4	5	8	9	2		1	

Puzzle 95

	5	7		6				
6		8		9			7	5
2	9	1	7	8	5	3	4	6
		6	5	1	8	9	3	2
8	2	9	3	4	7	5	6	1
5	1	3	9	2	6	4	8	7
9	8	5	2	7	4	6	1	3
1			2	8		9	7	5	4
		4	6	5	1			

Puzzle 96

5	2	3	4	6	8	7	9	1
4		7			1	3		5
9		1	3	7	5	2		4
1	9			8	3	4	2	7
2	3	8	7	4	9	1	5	6
7				1	2	8	3	9
6	1	2	8	5	4	9	7	3
8		9	1	3			4	2
3							1	8

Puzzle 97

1	2		8	9	7		5	
4	9	8	3	6	5	2	7	1
5	7	6	4	1		9	8	3
	1	4				5	6	2
	6		2			3	1	
	3	2	1	5	6	7	4	
2	4	9	5		1	6	3	7
3	8	7	6	2		1	9	5
6	5	1				8	2	4

Puzzle 98

	7	4	6	8	9	3	5	1
			4	1	3	6	7	2
6		1	5	7	2	8	9	4
7	8	3	2	5	4	9	1	
1	6	2	7	9	8	4	3	5
4	5	9	1		6	2		7
	4	7	9	2	1	5	6	8
8		5			7	1		
9					5	7	2	3

Puzzle 99

	1		2	5	8	3	7	6
8	6	2	4	3	7	9	1	5
7	3	5				2	4	8
6			5	2	4	1	3	7
	7		1	9	6	5	8	2
2	5	1	7	8	3	4	6	9
5	4		3	7	2	8	9	1
					5	7	2	4
	2	7	8	4		6	5	3

Puzzle 100

8		7	9	1	2	5		3
3	2	1	4	5	6	8	9	7
	9		3	8	7	1		
	3			9		7	8	
	7	9	8	6		3		
		8	7	2	3	9		
9	5	3	6	4	8	2	7	1
6	8	2		7		4	3	9
7	1	4	2	3	9	6	5	8

Solutions

Puzzle 1

1	3	4	6	5	9	2	8	7
9	8	7	1	4	2	5	3	6
6	5	2	8	3	7	9	1	4
2	4	3	5	8	1	7	6	9
5	7	9	3	2	6	1	4	8
8	1	6	7	9	4	3	5	2
7	6	8	9	1	3	4	2	5
3	2	5	4	7	8	6	9	1
4	9	1	2	6	5	8	7	3

Puzzle 2

3	5	8	1	4	7	2	9	6
9	2	4	6	3	8	5	7	1
7	6	1	5	9	2	3	4	8
8	1	2	3	6	9	7	5	4
5	3	9	8	7	4	6	1	2
6	4	7	2	1	5	8	3	9
2	8	3	4	5	1	9	6	7
1	7	6	9	2	3	4	8	5
4	9	5	7	8	6	1	2	3

Puzzle 3

4	9	7	3	6	8	5	2	1
1	5	8	9	4	2	3	7	6
3	6	2	7	1	5	8	4	9
2	1	3	6	7	9	4	5	8
9	7	4	5	8	3	6	1	2
5	8	6	1	2	4	7	9	3
6	2	5	8	9	7	1	3	4
7	4	1	2	3	6	9	8	5
8	3	9	4	5	1	2	6	7

Puzzle 4

7	1	9	3	4	8	5	6	2
3	5	8	2	6	7	1	9	4
2	4	6	5	1	9	3	8	7
5	6	4	1	8	3	2	7	9
8	7	1	4	9	2	6	5	3
9	2	3	6	7	5	8	4	1
1	9	5	8	2	4	7	3	6
4	3	2	7	5	6	9	1	8
6	8	7	9	3	1	4	2	5

Puzzle 5

5	1	3	2	7	6	9	8	4
7	2	9	3	4	8	5	1	6
6	8	4	1	9	5	3	7	2
2	6	5	9	3	7	1	4	8
4	3	7	8	1	2	6	9	5
1	9	8	6	5	4	7	2	3
3	7	6	4	8	1	2	5	9
9	4	1	5	2	3	8	6	7
8	5	2	7	6	9	4	3	1

Puzzle 6

3	1	9	5	4	7	8	2	6
5	6	2	1	9	8	7	3	4
8	7	4	3	2	6	5	1	9
9	4	6	2	7	5	3	8	1
2	5	3	8	1	4	6	9	7
1	8	7	9	6	3	4	5	2
4	9	5	7	8	1	2	6	3
6	3	1	4	5	2	9	7	8
7	2	8	6	3	9	1	4	5

Puzzle 7

6	9	3	8	1	2	4	5	7
7	2	4	6	9	5	1	8	3
1	5	8	3	4	7	2	6	9
2	4	9	7	5	8	3	1	6
3	7	6	9	2	1	5	4	8
8	1	5	4	6	3	7	9	2
9	8	7	1	3	4	6	2	5
5	6	1	2	7	9	8	3	4
4	3	2	5	8	6	9	7	1

Puzzle 8

3	4	9	2	5	8	7	1	6
7	8	5	1	6	4	3	2	9
1	6	2	3	7	9	5	4	8
6	5	7	8	4	3	2	9	1
4	9	1	5	2	6	8	7	3
2	3	8	9	1	7	6	5	4
9	1	6	7	3	5	4	8	2
5	2	3	4	8	1	9	6	7
8	7	4	6	9	2	1	3	5

Puzzle 9

4	9	1	2	5	7	6	8	3
2	6	8	1	4	3	7	5	9
3	7	5	8	6	9	1	4	2
7	1	9	3	2	8	5	6	4
5	8	3	6	1	4	2	9	7
6	4	2	9	7	5	3	1	8
8	5	4	7	3	1	9	2	6
9	2	7	5	8	6	4	3	1
1	3	6	4	9	2	8	7	5

Puzzle 10

7	3	5	2	4	6	1	9	8
1	9	4	5	3	8	7	2	6
6	8	2	1	7	9	4	5	3
3	7	1	8	2	4	5	6	9
4	5	9	3	6	7	2	8	1
8	2	6	9	1	5	3	7	4
5	6	3	4	9	2	8	1	7
9	1	8	7	5	3	6	4	2
2	4	7	6	8	1	9	3	5

Puzzle 11

7	9	8	2	6	4	5	3	1
1	5	4	8	3	9	6	2	7
6	2	3	1	7	5	8	9	4
5	3	2	7	9	8	4	1	6
4	8	7	6	2	1	9	5	3
9	6	1	5	4	3	2	7	8
8	1	6	3	5	2	7	4	9
3	4	5	9	8	7	1	6	2
2	7	9	4	1	6	3	8	5

Puzzle 12

1	5	6	7	4	2	8	9	3
7	4	2	8	3	9	5	1	6
3	8	9	1	5	6	2	4	7
5	1	8	2	7	3	9	6	4
4	2	7	9	6	5	3	8	1
6	9	3	4	1	8	7	2	5
9	7	5	6	8	1	4	3	2
2	3	1	5	9	4	6	7	8
8	6	4	3	2	7	1	5	9

Puzzle 13

7	3	2	9	4	5	1	6	8
8	1	4	3	6	2	9	7	5
5	6	9	1	7	8	3	4	2
4	8	5	6	9	1	7	2	3
6	2	7	5	3	4	8	9	1
3	9	1	8	2	7	4	5	6
2	4	3	7	1	6	5	8	9
9	7	8	2	5	3	6	1	4
1	5	6	4	8	9	2	3	7

Puzzle 14

5	8	7	9	2	1	3	4	6
2	4	6	5	8	3	1	7	9
3	1	9	6	7	4	8	2	5
1	2	8	7	3	5	6	9	4
4	9	5	1	6	8	7	3	2
7	6	3	4	9	2	5	8	1
9	5	2	8	1	7	4	6	3
8	3	4	2	5	6	9	1	7
6	7	1	3	4	9	2	5	8

Puzzle 15

2	1	7	4	6	9	3	5	8
5	6	8	3	1	2	9	7	4
3	9	4	7	8	5	6	2	1
8	3	1	5	4	6	7	9	2
6	4	9	1	2	7	5	8	3
7	2	5	9	3	8	4	1	6
9	8	6	2	5	3	1	4	7
4	5	2	6	7	1	8	3	9
1	7	3	8	9	4	2	6	5

Puzzle 16

1	6	7	2	4	9	8	3	5
5	4	9	3	8	1	2	7	6
3	8	2	5	7	6	9	4	1
9	7	5	1	3	8	6	2	4
2	1	4	9	6	7	5	8	3
6	3	8	4	5	2	1	9	7
8	2	6	7	1	3	4	5	9
7	5	1	8	9	4	3	6	2
4	9	3	6	2	5	7	1	8

Puzzle 17

8	4	6	1	2	3	9	7	5
5	2	7	9	8	6	1	3	4
3	9	1	5	4	7	8	6	2
2	7	5	3	1	9	4	8	6
6	3	4	8	5	2	7	9	1
1	8	9	6	7	4	2	5	3
4	6	3	7	9	1	5	2	8
7	1	8	2	6	5	3	4	9
9	5	2	4	3	8	6	1	7

Puzzle 18

3	4	2	1	5	9	8	7	6
9	6	7	4	8	2	3	5	1
1	5	8	6	3	7	4	9	2
7	9	4	2	6	1	5	8	3
2	3	6	8	4	5	7	1	9
8	1	5	7	9	3	2	6	4
4	2	1	5	7	6	9	3	8
5	8	3	9	1	4	6	2	7
6	7	9	3	2	8	1	4	5

Puzzle 19

3	9	2	1	4	5	6	8	7
6	1	8	7	2	9	3	5	4
5	4	7	6	8	3	2	1	9
1	7	9	5	6	4	8	2	3
4	6	3	2	9	8	1	7	5
8	2	5	3	7	1	4	9	6
9	3	1	4	5	2	7	6	8
2	5	6	8	3	7	9	4	1
7	8	4	9	1	6	5	3	2

Puzzle 20

7	3	2	8	1	9	4	6	5
8	9	6	2	4	5	3	7	1
5	1	4	7	6	3	9	2	8
3	2	9	6	5	8	1	4	7
1	8	7	3	2	4	5	9	6
4	6	5	1	9	7	2	8	3
6	5	3	9	7	2	8	1	4
2	4	1	5	8	6	7	3	9
9	7	8	4	3	1	6	5	2

Puzzle 21

8	3	6	7	5	4	1	2	9
7	5	9	8	2	1	3	4	6
1	2	4	9	6	3	5	7	8
3	9	2	6	1	7	4	8	5
6	1	8	5	4	9	7	3	2
5	4	7	2	3	8	6	9	1
4	8	1	3	9	6	2	5	7
9	6	5	4	7	2	8	1	3
2	7	3	1	8	5	9	6	4

Puzzle 22

5	7	2	9	4	6	1	3	8
4	9	8	7	3	1	2	6	5
1	6	3	5	2	8	4	9	7
9	4	7	6	5	2	8	1	3
6	3	5	8	1	4	7	2	9
2	8	1	3	9	7	6	5	4
8	2	9	1	7	3	5	4	6
3	1	6	4	8	5	9	7	2
7	5	4	2	6	9	3	8	1

Puzzle 23

1	3	6	2	9	8	7	4	5
5	2	9	4	1	7	6	8	3
8	4	7	5	6	3	1	9	2
4	6	8	3	5	9	2	1	7
9	1	3	7	2	6	4	5	8
7	5	2	8	4	1	3	6	9
2	8	1	9	3	4	5	7	6
3	9	4	6	7	5	8	2	1
6	7	5	1	8	2	9	3	4

Puzzle 24

7	8	1	2	3	5	9	4	6
2	4	6	7	1	9	3	8	5
9	3	5	8	6	4	7	2	1
5	1	8	4	2	3	6	9	7
3	9	2	6	7	8	1	5	4
6	7	4	9	5	1	8	3	2
8	2	3	1	4	7	5	6	9
1	6	9	5	8	2	4	7	3
4	5	7	3	9	6	2	1	8

Puzzle 25

4	1	6	8	2	9	5	7	3
2	8	5	7	3	6	9	1	4
3	7	9	1	4	5	2	6	8
7	4	1	2	5	3	8	9	6
9	5	2	4	6	8	1	3	7
8	6	3	9	7	1	4	5	2
1	3	8	6	9	2	7	4	5
6	2	7	5	1	4	3	8	9
5	9	4	3	8	7	6	2	1

Puzzle 26

7	8	9	6	2	4	5	3	1
6	3	4	1	5	7	9	2	8
5	1	2	8	3	9	6	4	7
3	4	1	5	9	6	8	7	2
2	5	7	4	8	3	1	6	9
8	9	6	7	1	2	4	5	3
1	7	5	3	6	8	2	9	4
4	2	8	9	7	5	3	1	6
9	6	3	2	4	1	7	8	5

Puzzle 27

4	2	1	6	7	8	5	3	9
9	3	7	5	1	2	8	4	6
8	5	6	4	3	9	7	1	2
5	1	4	3	6	7	2	9	8
7	8	3	9	2	1	6	5	4
6	9	2	8	5	4	1	7	3
1	6	8	7	4	3	9	2	5
3	7	9	2	8	5	4	6	1
2	4	5	1	9	6	3	8	7

Puzzle 28

8	1	9	6	5	4	2	7	3
2	5	7	3	9	1	6	8	4
3	4	6	8	2	7	1	5	9
6	8	4	2	1	9	5	3	7
5	9	2	7	3	8	4	1	6
7	3	1	5	4	6	9	2	8
4	6	8	1	7	5	3	9	2
1	7	3	9	6	2	8	4	5
9	2	5	4	8	3	7	6	1

Puzzle 29

8	9	2	3	1	4	5	7	6
7	6	1	8	5	2	9	4	3
5	3	4	9	7	6	8	2	1
6	4	5	2	8	1	7	3	9
3	2	7	6	9	5	1	8	4
1	8	9	7	4	3	2	6	5
9	5	6	4	2	8	3	1	7
2	7	3	1	6	9	4	5	8
4	1	8	5	3	7	6	9	2

Puzzle 30

8	1	4	9	2	7	6	3	5
7	3	5	6	8	4	2	9	1
9	6	2	3	5	1	8	4	7
6	2	9	7	4	3	1	5	8
1	8	7	5	6	9	3	2	4
4	5	3	8	1	2	9	7	6
5	4	1	2	3	6	7	8	9
2	9	8	1	7	5	4	6	3
3	7	6	4	9	8	5	1	2

Puzzle 31

2	7	1	6	3	8	4	5	9
9	3	4	7	5	1	2	6	8
5	6	8	4	9	2	3	7	1
7	5	9	2	1	4	6	8	3
6	8	3	9	7	5	1	2	4
4	1	2	8	6	3	7	9	5
8	4	5	3	2	6	9	1	7
1	9	6	5	4	7	8	3	2
3	2	7	1	8	9	5	4	6

Puzzle 32

7	4	8	5	9	6	1	2	3
9	5	2	1	8	3	7	4	6
1	6	3	7	4	2	9	8	5
6	8	1	3	7	4	2	5	9
4	2	7	9	6	5	3	1	8
3	9	5	2	1	8	6	7	4
8	3	6	4	2	7	5	9	1
2	1	4	6	5	9	8	3	7
5	7	9	8	3	1	4	6	2

Puzzle 33

2	9	7	5	6	1	4	8	3
4	1	8	7	2	3	9	6	5
6	3	5	4	9	8	1	2	7
9	4	6	1	8	7	5	3	2
5	8	3	6	4	2	7	1	9
7	2	1	9	3	5	8	4	6
3	7	4	2	1	9	6	5	8
8	6	9	3	5	4	2	7	1
1	5	2	8	7	6	3	9	4

Puzzle 34

2	1	6	3	7	4	8	9	5
3	5	7	1	8	9	6	4	2
9	4	8	6	2	5	7	3	1
8	6	9	4	1	2	5	7	3
1	3	5	7	9	8	2	6	4
7	2	4	5	6	3	9	1	8
4	9	3	2	5	7	1	8	6
6	8	2	9	4	1	3	5	7
5	7	1	8	3	6	4	2	9

Puzzle 35

4	6	7	9	5	3	1	2	8
9	3	5	2	1	8	7	4	6
2	8	1	7	6	4	3	5	9
6	1	2	3	9	5	8	7	4
5	4	3	8	2	7	6	9	1
7	9	8	6	4	1	2	3	5
8	5	4	1	3	2	9	6	7
3	7	6	4	8	9	5	1	2
1	2	9	5	7	6	4	8	3

Puzzle 36

3	8	5	6	2	4	7	9	1
2	6	9	8	7	1	3	5	4
1	4	7	3	5	9	6	8	2
7	2	4	1	9	6	5	3	8
8	9	6	4	3	5	1	2	7
5	1	3	2	8	7	4	6	9
9	5	1	7	6	8	2	4	3
6	7	2	9	4	3	8	1	5
4	3	8	5	1	2	9	7	6

Puzzle 37

8	1	2	3	9	5	7	4	6
7	6	3	8	4	1	2	5	9
9	5	4	7	2	6	3	8	1
3	4	6	9	8	7	1	2	5
5	2	7	1	6	3	8	9	4
1	9	8	2	5	4	6	3	7
6	3	9	4	1	8	5	7	2
2	7	5	6	3	9	4	1	8
4	8	1	5	7	2	9	6	3

Puzzle 38

3	5	1	2	6	8	9	7	4
7	8	9	5	4	1	6	2	3
4	2	6	9	3	7	1	8	5
5	6	4	1	9	2	7	3	8
8	3	2	6	7	4	5	1	9
1	9	7	8	5	3	2	4	6
6	7	3	4	2	9	8	5	1
9	4	8	7	1	5	3	6	2
2	1	5	3	8	6	4	9	7

Puzzle 39

2	4	3	5	8	6	9	1	7
1	6	9	3	4	7	2	8	5
7	5	8	1	9	2	4	6	3
6	8	5	7	1	4	3	9	2
4	3	2	6	5	9	8	7	1
9	7	1	2	3	8	6	5	4
3	9	4	8	7	5	1	2	6
8	2	7	4	6	1	5	3	9
5	1	6	9	2	3	7	4	8

Puzzle 40

4	3	8	1	6	2	5	7	9
2	1	9	5	7	3	8	4	6
5	6	7	8	9	4	3	1	2
8	4	5	7	1	9	2	6	3
6	9	3	4	2	5	7	8	1
7	2	1	3	8	6	4	9	5
3	8	4	6	5	1	9	2	7
1	7	2	9	3	8	6	5	4
9	5	6	2	4	7	1	3	8

Puzzle 41

2	7	8	5	3	4	6	1	9
4	5	9	1	6	2	7	8	3
1	6	3	8	9	7	4	5	2
3	9	2	6	5	8	1	4	7
5	4	1	2	7	3	9	6	8
6	8	7	4	1	9	3	2	5
7	2	4	3	8	1	5	9	6
9	1	6	7	2	5	8	3	4
8	3	5	9	4	6	2	7	1

Puzzle 42

3	8	7	5	2	6	4	9	1
4	2	5	7	1	9	3	6	8
9	1	6	3	8	4	5	7	2
8	6	1	9	4	3	2	5	7
5	9	2	1	6	7	8	3	4
7	4	3	2	5	8	9	1	6
6	7	8	4	3	5	1	2	9
1	3	4	6	9	2	7	8	5
2	5	9	8	7	1	6	4	3

Puzzle 43

2	7	3	8	1	5	4	6	9
5	6	4	7	3	9	1	8	2
1	9	8	2	6	4	5	7	3
7	2	1	6	5	3	8	9	4
3	8	9	4	7	1	6	2	5
4	5	6	9	2	8	7	3	1
8	1	2	3	4	6	9	5	7
9	4	7	5	8	2	3	1	6
6	3	5	1	9	7	2	4	8

Puzzle 44

3	8	7	6	9	1	4	5	2
4	2	9	5	7	8	3	6	1
6	1	5	4	3	2	7	9	8
1	7	8	9	2	4	6	3	5
5	4	2	1	6	3	9	8	7
9	3	6	7	8	5	1	2	4
2	6	1	8	4	9	5	7	3
7	5	3	2	1	6	8	4	9
8	9	4	3	5	7	2	1	6

Puzzle 45

4	9	2	8	7	6	5	1	3
1	5	8	4	9	3	6	2	7
6	3	7	1	2	5	8	4	9
3	4	6	2	8	9	1	7	5
2	1	5	6	4	7	3	9	8
8	7	9	5	3	1	2	6	4
7	6	1	3	5	4	9	8	2
5	8	4	9	1	2	7	3	6
9	2	3	7	6	8	4	5	1

Puzzle 46

5	8	1	3	7	2	9	4	6
3	7	9	4	8	6	1	5	2
6	4	2	9	5	1	7	8	3
9	1	8	6	3	7	4	2	5
4	2	3	5	1	9	6	7	8
7	6	5	2	4	8	3	1	9
8	3	7	1	6	5	2	9	4
2	5	4	7	9	3	8	6	1
1	9	6	8	2	4	5	3	7

Puzzle 47

1	2	5	9	6	4	8	3	7
4	6	8	3	1	7	5	9	2
3	7	9	8	2	5	1	6	4
6	4	3	5	7	1	2	8	9
9	5	2	6	4	8	3	7	1
8	1	7	2	9	3	6	4	5
7	3	6	4	5	2	9	1	8
5	8	4	1	3	9	7	2	6
2	9	1	7	8	6	4	5	3

Puzzle 48

5	9	1	3	8	6	4	7	2
6	8	4	7	2	1	5	3	9
7	3	2	5	9	4	1	6	8
9	6	7	1	3	2	8	4	5
4	2	5	8	7	9	3	1	6
8	1	3	6	4	5	9	2	7
3	4	6	9	5	7	2	8	1
2	7	9	4	1	8	6	5	3
1	5	8	2	6	3	7	9	4

Puzzle 49

7	4	1	5	8	3	6	2	9
8	5	3	9	6	2	7	4	1
2	6	9	7	4	1	8	3	5
9	8	5	4	7	6	2	1	3
3	1	4	8	2	5	9	6	7
6	2	7	1	3	9	5	8	4
1	3	8	6	5	7	4	9	2
5	9	6	2	1	4	3	7	8
4	7	2	3	9	8	1	5	6

Puzzle 50

2	3	1	8	9	4	7	5	6
6	4	5	7	2	3	8	9	1
7	9	8	6	5	1	4	2	3
1	7	9	2	3	8	6	4	5
8	2	4	5	1	6	9	3	7
5	6	3	4	7	9	1	8	2
4	8	7	3	6	5	2	1	9
3	1	2	9	8	7	5	6	4
9	5	6	1	4	2	3	7	8

Puzzle 51

9	4	1	2	8	7	3	6	5
2	5	3	1	4	6	7	8	9
8	6	7	3	9	5	2	4	1
1	9	6	5	7	2	8	3	4
7	8	4	6	3	9	1	5	2
3	2	5	4	1	8	9	7	6
4	7	8	9	6	1	5	2	3
6	1	2	8	5	3	4	9	7
5	3	9	7	2	4	6	1	8

Puzzle 52

9	3	4	6	1	8	2	5	7
1	7	8	4	2	5	6	3	9
5	2	6	7	9	3	1	8	4
3	6	5	8	7	2	4	9	1
8	4	1	3	6	9	5	7	2
2	9	7	1	5	4	3	6	8
4	5	3	9	8	1	7	2	6
6	8	2	5	4	7	9	1	3
7	1	9	2	3	6	8	4	5

Puzzle 53

3	2	1	5	4	9	8	6	7
4	8	7	3	1	6	5	9	2
9	6	5	2	7	8	3	1	4
5	1	9	7	6	2	4	8	3
2	3	8	4	5	1	9	7	6
7	4	6	8	9	3	1	2	5
6	5	2	9	8	4	7	3	1
8	7	3	1	2	5	6	4	9
1	9	4	6	3	7	2	5	8

Puzzle 54

6	5	8	7	9	3	1	2	4
2	1	7	4	5	6	3	9	8
9	3	4	8	1	2	7	6	5
4	9	2	6	3	7	8	5	1
3	6	1	2	8	5	9	4	7
7	8	5	1	4	9	6	3	2
5	2	6	3	7	8	4	1	9
1	7	9	5	6	4	2	8	3
8	4	3	9	2	1	5	7	6

Puzzle 55

4	9	5	1	3	2	6	8	7
8	3	1	5	6	7	9	4	2
6	2	7	9	4	8	5	1	3
1	6	8	3	5	9	7	2	4
2	7	4	8	1	6	3	5	9
9	5	3	2	7	4	1	6	8
3	8	6	4	9	5	2	7	1
5	1	2	7	8	3	4	9	6
7	4	9	6	2	1	8	3	5

Puzzle 56

2	8	5	6	4	9	3	1	7
6	1	3	7	5	2	4	8	9
9	4	7	8	1	3	5	6	2
1	3	2	9	7	5	6	4	8
4	6	9	2	3	8	7	5	1
5	7	8	1	6	4	9	2	3
3	2	1	4	9	6	8	7	5
8	5	4	3	2	7	1	9	6
7	9	6	5	8	1	2	3	4

Puzzle 57

5	2	4	6	1	9	7	3	8
1	8	9	7	4	3	6	2	5
7	3	6	8	5	2	9	4	1
6	1	3	5	8	4	2	9	7
2	5	7	9	3	6	8	1	4
4	9	8	1	2	7	5	6	3
8	7	2	4	9	1	3	5	6
3	6	1	2	7	5	4	8	9
9	4	5	3	6	8	1	7	2

Puzzle 58

5	2	6	9	4	1	8	3	7
3	9	4	7	8	6	5	2	1
7	8	1	3	2	5	4	6	9
6	1	2	4	5	3	9	7	8
4	3	7	6	9	8	2	1	5
9	5	8	2	1	7	6	4	3
1	6	9	8	3	4	7	5	2
2	7	5	1	6	9	3	8	4
8	4	3	5	7	2	1	9	6

Puzzle 59

3	9	7	1	5	2	4	8	6
6	4	2	7	9	8	5	1	3
8	5	1	3	6	4	7	9	2
1	2	5	8	4	7	3	6	9
9	8	3	5	2	6	1	4	7
4	7	6	9	3	1	2	5	8
5	1	9	2	8	3	6	7	4
2	6	8	4	7	5	9	3	1
7	3	4	6	1	9	8	2	5

Puzzle 60

5	9	7	1	2	3	4	6	8
8	3	2	7	6	4	5	9	1
1	6	4	5	8	9	3	2	7
4	1	3	2	5	6	8	7	9
2	7	8	4	9	1	6	5	3
6	5	9	8	3	7	2	1	4
3	2	1	6	7	8	9	4	5
7	8	6	9	4	5	1	3	2
9	4	5	3	1	2	7	8	6

Puzzle 61

6	7	5	9	4	8	2	1	3
3	1	9	7	5	2	6	8	4
4	2	8	3	6	1	5	7	9
7	3	2	5	9	4	1	6	8
9	8	1	2	3	6	4	5	7
5	6	4	8	1	7	9	3	2
2	4	6	1	7	3	8	9	5
8	5	3	6	2	9	7	4	1
1	9	7	4	8	5	3	2	6

Puzzle 62

9	1	4	8	6	7	5	3	2
3	7	2	1	5	4	9	8	6
8	6	5	9	3	2	7	4	1
6	8	3	4	9	1	2	5	7
7	4	1	2	8	5	3	6	9
5	2	9	6	7	3	4	1	8
1	5	7	3	2	8	6	9	4
2	9	8	5	4	6	1	7	3
4	3	6	7	1	9	8	2	5

Puzzle 63

1	8	7	6	3	9	5	4	2
5	9	3	4	1	2	6	7	8
4	6	2	8	5	7	9	1	3
9	5	4	2	7	1	3	8	6
8	2	1	3	4	6	7	5	9
7	3	6	5	9	8	1	2	4
6	1	8	7	2	3	4	9	5
3	7	5	9	8	4	2	6	1
2	4	9	1	6	5	8	3	7

Puzzle 64

6	8	9	4	2	7	3	1	5
7	1	4	5	3	9	6	2	8
3	5	2	6	8	1	4	9	7
2	3	6	8	1	4	7	5	9
4	9	1	2	7	5	8	3	6
5	7	8	9	6	3	1	4	2
8	6	5	1	4	2	9	7	3
9	4	3	7	5	6	2	8	1
1	2	7	3	9	8	5	6	4

Puzzle 65

8	9	6	5	7	1	2	3	4
7	5	4	8	3	2	6	1	9
3	1	2	6	9	4	5	7	8
5	2	1	3	8	9	7	4	6
4	7	3	1	2	6	9	8	5
9	6	8	7	4	5	1	2	3
2	4	7	9	5	3	8	6	1
1	3	9	2	6	8	4	5	7
6	8	5	4	1	7	3	9	2

Puzzle 66

5	3	2	6	9	8	1	7	4
6	4	7	1	2	3	9	5	8
9	8	1	5	4	7	3	2	6
4	1	6	2	8	9	5	3	7
3	9	5	4	7	6	2	8	1
2	7	8	3	1	5	6	4	9
7	6	3	9	5	4	8	1	2
1	5	4	8	6	2	7	9	3
8	2	9	7	3	1	4	6	5

Puzzle 67

7	6	1	9	3	2	8	4	5
9	2	5	8	1	4	6	3	7
4	3	8	7	6	5	2	1	9
5	8	6	1	2	9	4	7	3
3	4	7	5	8	6	1	9	2
1	9	2	3	4	7	5	6	8
8	1	9	4	5	3	7	2	6
2	7	4	6	9	8	3	5	1
6	5	3	2	7	1	9	8	4

Puzzle 68

6	7	3	8	1	9	5	4	2
5	1	8	4	2	3	9	6	7
2	4	9	6	5	7	1	3	8
7	6	4	2	3	5	8	9	1
3	8	2	1	9	4	6	7	5
9	5	1	7	6	8	3	2	4
8	9	6	5	4	2	7	1	3
1	2	7	3	8	6	4	5	9
4	3	5	9	7	1	2	8	6

Puzzle 69

6	1	3	9	4	2	5	7	8
2	8	7	5	6	1	3	4	9
5	9	4	3	7	8	1	6	2
8	7	6	1	9	4	2	5	3
9	4	5	8	2	3	7	1	6
3	2	1	6	5	7	9	8	4
4	5	2	7	3	6	8	9	1
1	3	9	4	8	5	6	2	7
7	6	8	2	1	9	4	3	5

Puzzle 70

1	9	6	2	3	8	5	7	4
7	3	4	5	6	9	1	2	8
8	2	5	1	4	7	3	6	9
5	1	9	8	7	3	2	4	6
4	7	2	9	5	6	8	1	3
6	8	3	4	1	2	9	5	7
2	6	8	7	9	1	4	3	5
9	4	7	3	2	5	6	8	1
3	5	1	6	8	4	7	9	2

Puzzle 71

3	5	2	6	4	1	8	7	9
4	7	8	5	2	9	6	1	3
6	9	1	3	8	7	4	2	5
8	1	7	4	9	3	2	5	6
2	3	9	7	5	6	1	8	4
5	4	6	8	1	2	9	3	7
1	2	4	9	7	5	3	6	8
7	8	3	2	6	4	5	9	1
9	6	5	1	3	8	7	4	2

Puzzle 72

4	5	1	8	9	2	7	3	6
2	3	9	6	4	7	8	1	5
8	7	6	3	1	5	9	2	4
3	6	8	2	7	4	1	5	9
7	1	5	9	8	6	3	4	2
9	2	4	5	3	1	6	8	7
1	9	2	7	5	3	4	6	8
6	8	3	4	2	9	5	7	1
5	4	7	1	6	8	2	9	3

Puzzle 73

4	2	9	3	6	5	1	7	8
5	3	6	7	1	8	2	4	9
8	1	7	9	2	4	3	6	5
3	4	8	6	5	1	7	9	2
7	6	2	4	9	3	5	8	1
1	9	5	2	8	7	6	3	4
9	5	1	8	7	6	4	2	3
6	8	4	1	3	2	9	5	7
2	7	3	5	4	9	8	1	6

Puzzle 74

9	8	1	5	4	6	2	3	7
7	5	6	3	1	2	4	8	9
2	4	3	7	9	8	5	1	6
5	6	4	1	7	3	9	2	8
3	7	2	8	6	9	1	5	4
8	1	9	2	5	4	6	7	3
1	9	8	4	2	7	3	6	5
6	3	5	9	8	1	7	4	2
4	2	7	6	3	5	8	9	1

Puzzle 75

9	1	3	6	2	5	7	4	8
2	7	6	4	3	8	9	5	1
5	8	4	1	7	9	2	3	6
8	6	9	7	5	1	3	2	4
1	4	7	3	6	2	5	8	9
3	5	2	9	8	4	1	6	7
6	9	1	2	4	3	8	7	5
4	3	5	8	1	7	6	9	2
7	2	8	5	9	6	4	1	3

Puzzle 76

8	3	4	9	2	7	1	5	6
1	2	7	3	5	6	8	9	4
6	9	5	4	1	8	3	7	2
7	8	3	6	9	1	4	2	5
9	5	1	2	8	4	6	3	7
2	4	6	7	3	5	9	8	1
5	7	8	1	6	3	2	4	9
4	6	9	8	7	2	5	1	3
3	1	2	5	4	9	7	6	8

Puzzle 77

1	3	7	8	4	9	5	2	6
6	5	9	1	7	2	3	4	8
4	2	8	6	5	3	9	1	7
3	9	6	5	2	4	8	7	1
5	7	2	3	8	1	4	6	9
8	4	1	9	6	7	2	3	5
9	6	3	4	1	5	7	8	2
2	8	5	7	3	6	1	9	4
7	1	4	2	9	8	6	5	3

Puzzle 78

3	5	7	8	2	1	4	9	6
2	9	1	7	4	6	8	3	5
4	6	8	3	9	5	1	2	7
7	8	9	1	5	4	3	6	2
6	4	3	2	7	8	5	1	9
5	1	2	6	3	9	7	4	8
9	2	5	4	1	7	6	8	3
1	3	6	5	8	2	9	7	4
8	7	4	9	6	3	2	5	1

Puzzle 79

3	2	1	8	6	9	7	5	4
6	7	4	5	3	2	1	8	9
9	8	5	1	7	4	2	3	6
4	5	8	3	1	6	9	2	7
7	3	9	2	4	8	5	6	1
1	6	2	7	9	5	8	4	3
8	1	7	6	2	3	4	9	5
5	9	6	4	8	7	3	1	2
2	4	3	9	5	1	6	7	8

Puzzle 80

6	3	8	2	4	7	9	1	5
4	5	7	3	1	9	6	2	8
1	2	9	6	8	5	7	4	3
8	9	4	7	3	2	5	6	1
2	7	6	5	9	1	8	3	4
5	1	3	4	6	8	2	9	7
3	4	5	9	7	6	1	8	2
9	8	2	1	5	4	3	7	6
7	6	1	8	2	3	4	5	9

Puzzle 81

4	1	9	7	3	8	2	5	6
6	8	7	5	2	9	3	4	1
2	3	5	6	4	1	9	7	8
9	6	1	8	5	4	7	2	3
5	2	3	1	6	7	8	9	4
8	7	4	3	9	2	1	6	5
3	5	2	9	1	6	4	8	7
1	4	8	2	7	5	6	3	9
7	9	6	4	8	3	5	1	2

Puzzle 82

8	7	3	1	6	5	2	4	9
5	1	4	9	2	3	8	6	7
2	6	9	7	4	8	1	5	3
9	5	2	6	1	4	7	3	8
3	8	1	5	9	7	6	2	4
6	4	7	8	3	2	9	1	5
1	3	5	2	8	9	4	7	6
4	2	8	3	7	6	5	9	1
7	9	6	4	5	1	3	8	2

Puzzle 83

3	2	7	5	9	1	4	6	8
9	4	5	6	2	8	3	1	7
8	6	1	4	7	3	2	9	5
6	8	4	7	3	2	1	5	9
1	7	2	9	6	5	8	3	4
5	3	9	1	8	4	6	7	2
4	5	6	8	1	7	9	2	3
2	1	8	3	5	9	7	4	6
7	9	3	2	4	6	5	8	1

Puzzle 84

7	3	5	4	6	9	8	1	2
6	8	2	5	7	1	3	9	4
9	4	1	3	2	8	6	7	5
3	7	8	2	5	4	1	6	9
4	1	9	6	8	7	2	5	3
5	2	6	1	9	3	7	4	8
1	9	3	8	4	6	5	2	7
2	6	7	9	3	5	4	8	1
8	5	4	7	1	2	9	3	6

Puzzle 85

5	1	2	9	3	7	4	6	8
8	6	3	1	5	4	9	7	2
4	7	9	2	6	8	3	1	5
9	2	7	4	8	1	6	5	3
1	3	8	6	9	5	7	2	4
6	4	5	3	7	2	8	9	1
2	5	6	7	4	3	1	8	9
3	9	1	8	2	6	5	4	7
7	8	4	5	1	9	2	3	6

Puzzle 86

4	5	6	9	8	3	1	7	2
2	8	7	1	4	5	3	6	9
1	9	3	6	2	7	8	5	4
6	3	2	8	7	9	5	4	1
9	1	4	5	3	2	7	8	6
5	7	8	4	1	6	2	9	3
8	2	5	3	6	4	9	1	7
7	4	1	2	9	8	6	3	5
3	6	9	7	5	1	4	2	8

Puzzle 87

8	2	1	4	6	9	5	3	7
9	7	5	2	3	8	4	1	6
3	6	4	5	1	7	9	2	8
6	4	8	9	7	1	2	5	3
5	1	3	8	4	2	6	7	9
2	9	7	6	5	3	1	8	4
7	5	9	1	8	6	3	4	2
1	8	2	3	9	4	7	6	5
4	3	6	7	2	5	8	9	1

Puzzle 88

9	7	1	6	8	4	3	2	5
3	6	5	1	7	2	9	4	8
8	2	4	5	3	9	6	1	7
2	8	6	3	9	5	1	7	4
5	1	9	7	4	8	2	3	6
4	3	7	2	1	6	8	5	9
7	5	2	8	6	3	4	9	1
6	4	3	9	5	1	7	8	2
1	9	8	4	2	7	5	6	3

Puzzle 89

6	4	5	3	2	1	9	8	7
1	2	9	7	8	6	5	3	4
7	8	3	4	9	5	2	1	6
4	9	8	2	5	7	3	6	1
3	5	1	6	4	8	7	9	2
2	6	7	9	1	3	8	4	5
5	3	2	8	6	4	1	7	9
9	7	4	1	3	2	6	5	8
8	1	6	5	7	9	4	2	3

Puzzle 90

1	2	3	5	7	4	8	6	9
4	9	8	3	6	1	2	7	5
6	5	7	2	8	9	1	4	3
7	1	2	4	5	3	9	8	6
8	3	6	9	2	7	5	1	4
9	4	5	6	1	8	7	3	2
2	7	9	1	4	6	3	5	8
3	6	1	8	9	5	4	2	7
5	8	4	7	3	2	6	9	1

Puzzle 91

7	1	8	2	3	6	4	5	9
4	2	3	7	5	9	1	8	6
6	5	9	4	1	8	7	3	2
8	3	4	9	7	1	6	2	5
1	7	5	6	8	2	3	9	4
2	9	6	3	4	5	8	7	1
9	4	1	8	2	7	5	6	3
3	8	2	5	6	4	9	1	7
5	6	7	1	9	3	2	4	8

Puzzle 92

8	7	4	3	5	2	1	6	9
2	3	1	6	4	9	5	7	8
5	6	9	8	7	1	4	3	2
3	1	5	2	6	4	8	9	7
7	8	2	1	9	5	6	4	3
4	9	6	7	3	8	2	5	1
1	5	7	4	2	3	9	8	6
9	2	3	5	8	6	7	1	4
6	4	8	9	1	7	3	2	5

Puzzle 93

4	8	1	5	7	9	2	3	6
3	5	9	4	6	2	7	1	8
6	7	2	1	3	8	4	5	9
1	9	3	7	2	5	8	6	4
2	4	7	3	8	6	5	9	1
8	6	5	9	4	1	3	2	7
5	1	8	2	9	7	6	4	3
7	2	4	6	1	3	9	8	5
9	3	6	8	5	4	1	7	2

Puzzle 94

6	3	7	9	8	5	4	2	1
4	1	8	7	2	6	5	3	9
5	2	9	1	3	4	6	8	7
1	7	6	3	4	8	9	5	2
2	9	4	5	6	1	8	7	3
8	5	3	2	7	9	1	6	4
3	6	1	4	5	7	2	9	8
9	8	2	6	1	3	7	4	5
7	4	5	8	9	2	3	1	6

Puzzle 95

3	5	7	4	6	2	1	9	8
6	4	8	1	9	3	2	7	5
2	9	1	7	8	5	3	4	6
4	7	6	5	1	8	9	3	2
8	2	9	3	4	7	5	6	1
5	1	3	9	2	6	4	8	7
9	8	5	2	7	4	6	1	3
1	6	2	8	3	9	7	5	4
7	3	4	6	5	1	8	2	9

Puzzle 96

5	2	3	4	6	8	7	9	1
4	6	7	2	9	1	3	8	5
9	8	1	3	7	5	2	6	4
1	9	5	6	8	3	4	2	7
2	3	8	7	4	9	1	5	6
7	4	6	5	1	2	8	3	9
6	1	2	8	5	4	9	7	3
8	5	9	1	3	7	6	4	2
3	7	4	9	2	6	5	1	8

Puzzle 97

1	2	3	8	9	7	4	5	6
4	9	8	3	6	5	2	7	1
5	7	6	4	1	2	9	8	3
8	1	4	7	3	9	5	6	2
7	6	5	2	4	8	3	1	9
9	3	2	1	5	6	7	4	8
2	4	9	5	8	1	6	3	7
3	8	7	6	2	4	1	9	5
6	5	1	9	7	3	8	2	4

Puzzle 98

2	7	4	6	8	9	3	5	1
5	9	8	4	1	3	6	7	2
6	3	1	5	7	2	8	9	4
7	8	3	2	5	4	9	1	6
1	6	2	7	9	8	4	3	5
4	5	9	1	3	6	2	8	7
3	4	7	9	2	1	5	6	8
8	2	5	3	6	7	1	4	9
9	1	6	8	4	5	7	2	3

Puzzle 99

4	1	9	2	5	8	3	7	6
8	6	2	4	3	7	9	1	5
7	3	5	6	1	9	2	4	8
6	9	8	5	2	4	1	3	7
3	7	4	1	9	6	5	8	2
2	5	1	7	8	3	4	6	9
5	4	6	3	7	2	8	9	1
1	8	3	9	6	5	7	2	4
9	2	7	8	4	1	6	5	3

Puzzle 100

8	4	7	9	1	2	5	6	3
3	2	1	4	5	6	8	9	7
5	9	6	3	8	7	1	2	4
2	3	5	1	9	4	7	8	6
1	7	9	8	6	5	3	4	2
4	6	8	7	2	3	9	1	5
9	5	3	6	4	8	2	7	1
6	8	2	5	7	1	4	3	9
7	1	4	2	3	9	6	5	8

www.ingramcontent.com/pod-product-compliance
Lightning Source LLC
Chambersburg PA
CBHW070818220526
45466CB00002B/704